Das Gas im bürgerlichen Hause.

Von

Franz Schäfer,

Ingenieur
in
Dessau.

———

Mit 18 Abbildungen.

München und Berlin.

Druck und Verlag von R. Oldenbourg.

1907.

Nahezu allen Städtebewohnern, jedenfalls mehr als der Hälfte der Bevölkerung des Deutschen Reiches, ist heute Gas, zumeist Steinkohlenleuchtgas, zugänglich. Es ist in den letzten Jahren für seine weitere Ausbreitung sehr viel getan worden, seine Benutzung hat auch in erfreulicher Weise zugenommen, das lange Zeit hindurch fast erloschene Interesse dafür ist wieder lebendig geworden, auch bei Künstlern und Kunstgewerbemeistern. Aber doch ist immer noch nicht zur Genüge bekannt, ein wie vielseitig verwertbarer Energieträger das Gas ist, namentlich, in wie hohem Maße es dazu beitragen kann, unsere Wohnräume behaglich und bequem zu gestalten; es werden in dieser Hinsicht veraltete und verkehrte Anordnungen immer wieder ausgeführt und vor allem die neuen Möglichkeiten nicht nach Gebühr ausgenützt. Manches Vorurteil gegen das Gas würde längst verschwunden sein, wenn nicht alte, von den Fachleuten oft gerügte Fehler bei der Gasinstallation immer wieder begangen würden; viel mehr Freunde würde es haben, wenn allenthalben dafür gesorgt wäre, daß bewährte Neuerungen ohne allzu große Schwierigkeiten und Unkosten eingeführt werden könnten, insbesondere wenn sich zu den Gasfachmännern, Fabrikanten und Installateuren auch die Architekten als Bundesgenossen gesellten.

1*

Eine Hauptschwierigkeit für die weitestgehende und vorteilhafteste Anwendung des Gases beruht nämlich darin, daß beim Bau neuer Häuser v i e l z u s p ä t und dann noch viel zu wenig an die Anordnung der Gasleitungen, Beleuchtungskörper, Abzugsröhren für Gasheiz- und Badeöfen usw. gedacht wird. Darauf ist es zurückzuführen, daß man so viele Gasleitungen unpraktisch oder völlig unzulänglich verlegt, die Beleuchtung mit Gas nach veraltetem und eigentlich nie berechtigtem Schema angeordnet, Gasheizöfen an Rauchrohre von Zimmeröfen oder Abluftschlote angeschlossen oder die Abgase in einer Blechröhre durch ein Fenster hinausgeführt findet und was dergleichen häßliche Notbehelfe mehr sind, die oft genug eine einwandfreie Wirkung der Brenner, Apparate usw. in Frage stellen. Mag nun auch bei den gewöhnlichen Spekulationsbauten eine durchgreifende Besserung in dieser Hinsicht kaum zu erwarten sein, so könnte und müßte doch für das b e s s e r e b ü r g e r l i c h e W o h n h a u s, das „Eigenheim", auch für Genossenschaftshäuser, öffentliche Bauten, wie Schulen, Kirchen, Rathäuser, ein gründlicheres Vorgehen angebahnt werden. Wird doch auch sonst dem gediegenen inneren Ausbau, der Bequemlichkeit und Behaglichkeit größere Aufmerksamkeit als früher zugewendet. Dies sollte die B a u k ü n s t l e r veranlassen, sich selbst und die von ihnen beratenen B a u h e r r e n mit den praktischen Anwendungen des Gases, im Wohnhause und allgemein, bekannt zu machen und die Anordnungen für seine vorteilhafteste Ausnutzung r e c h t z e i t i g zu treffen. Als einen Beitrag zu diesem Ziele wolle man die nachfolgenden Ausführungen betrachten, deren Verfasser nach mehrjährigem Studium und praktischer Ausübung der Baukunst nun schon über 14 Jahre in der Gastechnik tätig ist und sich vor drei Jahren unter Anwendung seiner Kenntnisse und Erfahrungen auf beiden Gebieten ein eigenes

Heim baute, von dessen gastechnischen Einrichtungen im allgemeinen und im einzelnen vielleicht manches beachtens- und nachahmenswert erscheinen dürfte.

Die Frage, o b man ein zu errichtendes bürgerliches Wohnhaus an das Gasrohrnetz anschließen soll, ist schon seit geraumer Zeit allenthalben, auch da, wo man elektri- schen Strom haben kann, bündig entschieden: Der G a s - h e r d und der G a s b a d e o f e n sind für das bessere Wohn- haus von heutzutage u n e n t b e h r l i c h. Einige andere Fragen aber sind noch nicht so selbstverständlich gelöst: W a n n, in welchem Stadium der Bauperiode, ist es an der Zeit, darüber nachzudenken und dafür Vorsorge zu treffen, w i e man die Gasinstallation in dem neuen Hause anordnet. Es mag seltsam und manchem etwas zu an- spruchsvoll klingen, aber es ist wahr: Die E n t s c h e i - d u n g d a r ü b e r, a n w e l c h e n S t e l l e n, z u w e l c h e n Z w e c k e n und in w e l c h e r W e i s e in einem b ü r g e r - l i c h e n W o h n h a u s e (und natürlich auch in „hochherr- schaftlichen" Miethäusern, Schulen usw.) Gas verwendet werden soll, muß v o r d e r A u s a r b e i t u n g d e r e n d - g ü l t i g e n B a u p l ä n e getroffen sein, wenn spätere S c h w i e r i g k e i t e n und U n z u t r ä g l i c h k e i t e n v e r m i e - d e n w e r d e n s o l l e n. So wie der Architekt heute schon beim ersten Entwurf eines Bauplanes neben den Wünschen und Mitteln des Bauherrn und seinen eigenen künstleri- schen Absichten die vielen Forderungen der Bauordnungen und der Feuerpolizei, die Frage, ob Sammelheizung oder Einzelöfen, die Bedingungen für die Entwässerung und manche andere Voraussetzungen berücksichtigen muß, so sollte er auch die Anforderungen für die zweckmäßige und vorteilhafte Benutzung des Gases als Licht- und Wärmequelle schon bei den ersten Planskizzen in Betracht ziehen. Er würde dabei fast immer finden, daß dadurch schon die Grundrißlösung b e e i n f l u ß t wird, und zwar recht oft in günstigem, erleichterndem Sinne; vor allen Dingen aber würde er die Grundlage für eine leichte und ordentliche Gasinstallation und für die vorteilhafteste Aus-

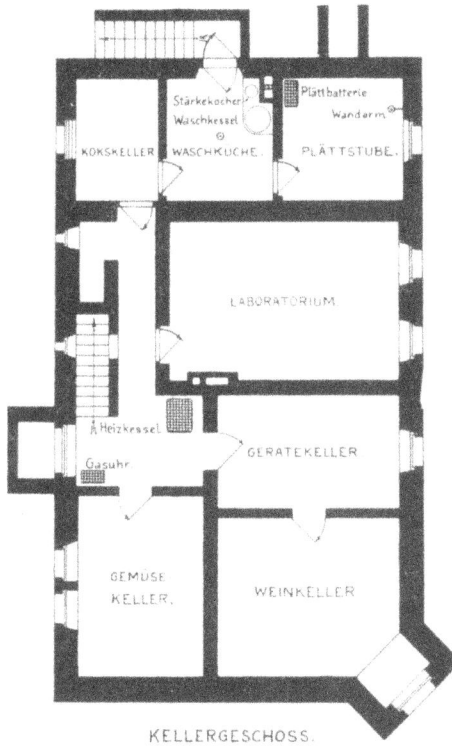

KELLERGESCHOSS.

Abb. 1.

nutzung des Gases zu den verschiedenen Zwecken schaffen. Und dies würde den Bau durchaus nicht verteuern; im Gegenteil, das nachträgliche Hineinflicken, das jetzt so oft geübt werden muß, ist zumeist kostspieliger!

In welcher Weise die Rücksicht auf die Benutzung des Gases beim Entwurf eines Wohnhausbauplanes bestimmend mitwirkt, soll zunächst an Hand der drei hier

OSTSEITE.

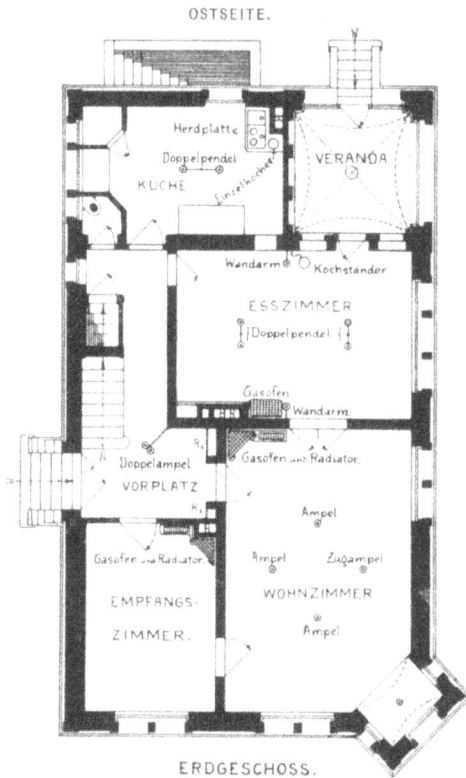

ERDGESCHOSS.

Abb. 2.

und S. 8 abgedruckten Grundrisse (Abb. 1—3) und der nachfolgenden Abbildungen des vom Verfasser dieser Ausührungen in den Jahren 1903/04 in Dessau errichteten freistehenden Einfamilienhauses gezeigt werden. Es han-

delt sich, wie ersichtlich, um ein mäßig großes, zwei-
geschossiges Haus von einfacher rechteckiger Grundform,
welches im Erdgeschoß ein Empfangs-, ein Wohn- und

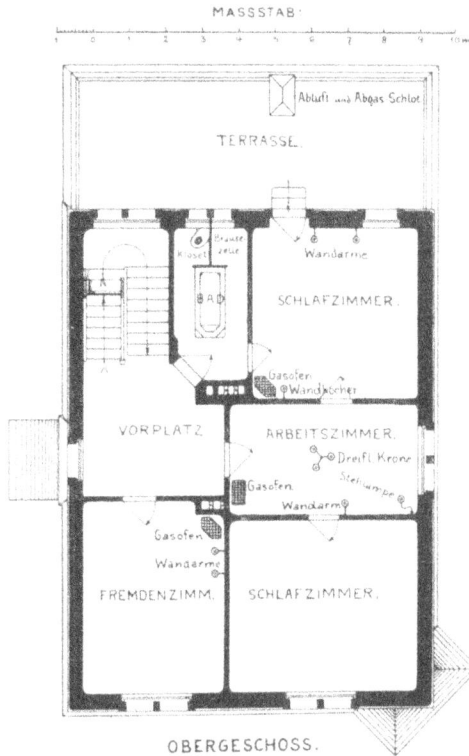

Abb. 3.

ein Eßzimmer und in einem einstöckigen Anbau die Küche
und eine geschlossene Veranda enthält. Dieser Anbau
hat ein flaches, von einem Schlafzimmer im Obergeschoß
aus zugängliches Dach, woraus in nur etwa 2,5 m Ent-

fernung von den Fenstern der östlichen Frontwand der Küchenschornstein etwa 1,6 m hoch heraustritt. Diese Anordnung wäre nicht wohl möglich gewesen, wenn nicht von vornherein festgelegt worden wäre, daß in der Kochküche und in der darunter liegenden Waschküche als

Abb. 4. Ansicht von Osten.

Brennstoff ausschließlich Gas verwendet werden sollte. Man hätte nämlich sonst aus Rücksicht auf den Rauch und den notwendigen Schornsteinzug den Schlot entweder an der jetzigen Stelle zum Nachteil der Gebäudeansicht (Abb. 4) wesentlich höher hinaufführen oder zum Nachteil der Grundrißgestaltung an andere Stelle verlegen und

innerhalb des Hauptgebäudes hochführen müssen. Die
Anordnung hat sich aber so, wie sie jetzt ist, als völlig
einwandfrei erwiesen; eine Belästigung durch die aus dem
niedrigen Schlot austretenden Abgase ist in den Räumen
des Obergeschosses auch an den Waschtagen nie ein-
getreten. Die Flugasche und der Qualm aus einem mehrere
hundert Meter weit entfernten Fabrikschornstein haben
wohl oft dazu gezwungen, die Schlafzimmerfenster ge-
schlossen zu halten, der dünne und sofort verfliegende
weiße Dunst aus dem Abluft- und Abgasschlot aber nie.
Die durch ausschließliche Anwendung der Gasfeuerung ermöglichte Unterbringung der Küche in einem
eingeschossigen unterkellerten Anbau stellt aber nicht nur
beim freistehenden Einfamilienhaus, sondern namentlich
auch beim schmalfrontigen Gruppen- und Reihen-
haus eine sehr zweckmäßige und für die weitere Gestaltung des Grundrisses förderliche Lösung dar, von der
auch aus wirtschaftlichen Gründen häufiger als bisher
Gebrauch gemacht werden sollte. Ganz allgemein
kann gesagt werden, daß durch die ausschließliche Anwendung von Gas als Heizmaterial sehr
oft eine größere Freiheit für die Planbearbeitung zu gewinnen ist; man muß ja zwar die Verbrennungsprodukte aller größeren Gasfeuerungen ebenso
wie diejenigen von Kohlen- und Holzfeuerstellen ableiten,
aber man ist von der Rücksicht auf Rauch und Ruß
frei und kann die Ausmündungen der Abgasrohre entsprechend frei gestalten, wovon weiter unten noch die
Rede sein wird.

Ebenso wichtig als die Art der Feuerung in der Küche
und in der Waschküche ist die Frage der Raumheizung
in dem zu bauenden Hause; auch sie sollte unbedingt
vor der Ausarbeitung der Werkpläne entschieden sein.
Für das bürgerliche Wohnhaus wird mit Recht mehr und

mehr der Sammelheizung mittels Dampf oder, noch besser Warmwasser, der Vorzug gegeben. Auch für das hier in Rede stehende Haus wurde von vornherein die Anlage einer Warmwasserheizung in Aussicht genommen und mit der ausführenden Firma (Arendt, Mildner & Evers in Hannover-Vahrenwald) rechtzeitig und gründlich durchberaten. Da aber die Erfahrung des Gasfachmannes gelehrt hatte, daß auch die beste Sammelheizung allein nicht allen berechtigten Anforderungen an Behaglichkeit und Bequemlichkeit entsprechen kann, so wurde zugleich beschlossen, daneben in den am meisten gebrauchten Räumen eine ergänzende Gasheizung anzulegen. Es ist ja bekannt, daß an unvermuteten Frosttagen, wie sie Herbst und Frühling oft bringen, Gasöfen als Ergänzung von Sammelheizungen überaus erwünscht sind; es war ferner vielfach, u. a. in dem kalten Winter 1902/03, zutage getreten, daß auch reichlich bemessene Sammelheizungen bei schneidend kaltem Nordoststurm oder bei ungeschickter Bedienung nicht oder nicht rasch genug die gewünschte behagliche Innentemperatur zu schaffen vermögen, und man hatte damals, als von vielen Seiten die Gasanstalt um rasche Hilfe angerufen wurde, gelernt, wie schwierig es ist, nachträglich einen Gasofen in einem fertigen Hause einwandfrei aufzustellen: Die Gasuhren waren zu klein, die Leitungen zu eng; Schornsteine für den Abzug der Verbrennungsprodukte fehlten vielfach ganz, anderwärts hatten sie zu große Querschnitte und ließen daher ein einwandfreies Funktionieren der Gasöfen nicht zu.

Diese Erfahrungen führten dazu, schon in den ersten Entwurfsskizzen zu dem Neubau richtig bemessene Abzugsrohre für Gasheizöfen an geeigneten Stellen mit vorzusehen, was auf die Grundrißlösung und auch auf die Gestaltung und die Kosten der Sammelheizung von sehr günstigem Einfluß war; man konnte nämlich das Leistungsprogramm für die Warmwasserheizung nicht unerheblich einschränken und deshalb statt der breiten vielgliedrigen Radiatoren solche von kleinerer Elementenzahl anwenden.

Über die Abführung der Verbrennungsprodukte von Gasheizöfen bestehen in weiten Kreisen sehr verkehrte Anschauungen, und bedauerlicherweise werden manchenortes die richtigen Anordnungen von den Baupolizeibehörden nicht zugelassen, weil sie Ausnahmen von den zumeist ohne Berücksichtigung der Gasheizung aufgestellten allgemeinen Vorschriften für Schornsteine bedingen würden; nichts aber hat den Ruf der Gasheizung so sehr geschädigt, als die fehlerhafte Ableitung der Abgase. Auf Grund umfangreicher Versuche und Erfahrungen kann behauptet werden, daß Abzugsrohre für Gasheizöfen nicht denselben großen Querschnitt nötig haben, wie die gebräuchlichen gemauerten Rauchrohre, also mindestens 12 cm im Geviert, daß vielmehr ein kleinerer Querschnitt vorzuziehen ist; ferner, daß es unvorteilhaft ist, an ein Abzugsrohr zwei oder gar noch mehr Gasöfen anzuschließen, womöglich in verschiedenen Stockwerken; endlich, daß es nicht nur unnütz, sondern geradezu schädlich ist, die Abzugsrohre von Gasöfen bis zur Kellersohle hinabzuführen, und ganz überflüssig, sie mit Putztürchen zu versehen. Auf Grund dessen wurde für den vorliegenden Fall beschlossen, für jeden Gasheizofen und jeden sonstigen größeren Gasauslaß ein besonderes Abzugsrohr von kleinem Querschnitt anzulegen. Es wurde einer Tonrohrfabrik die Herstellung gebrannter, innen glasierter Tonrohre nach Abb. 5 in Auftrag gegeben. Die Rohre sind außen viereckig, messen in Breite und Tiefe je 12,5 cm, passen also zum normalen Backsteinmaß; sie haben einen kreisrunden Durchgang von 8,5 cm Lichtweite, sind 50 cm hoch und auf zwei gegenüberliegenden Seiten der Länge nach geriffelt; oben sind sie mit Hohl-, unten mit Vollfalz versehen. Zehn Stränge solcher Rohre wurden beim Bau des Hauses bis über Dach mit hochgeführt, und zwar in der Weise, daß ihrer je zwei nebeneinanderstehend eine Zwischen- oder Seitenwand eines Abluftschlotes bilden, wie aus den Grundrissen ersichtlich ist. Den An-forderungen der führenden Hygieniker entsprechend wurde nämlich zu der Sammelheizung auch eine Zu- und Ablüftung vorgesehen und für letz-tere bei den meist gebrauchten Räu-men (Eßzimmer, Wohnzimmer, Schlaf-zimmer, außerdem für den Heizraum, die Badestube, die Waschküche, die Kochküche und die Plättstube) je ein besonderer, jeweils am Fußboden des Raumes beginnender Abluft-schlot von 26 cm lichter Tiefe und 16—26 cm lichter Breite angelegt. Die dazwischen bzw. daneben hoch-geführten Abgasrohre beginnen jeweils 60—80 cm über dem Fußboden des betreffenden Raumes auf einem zwei Steinschichten hohen, über die Mauer-

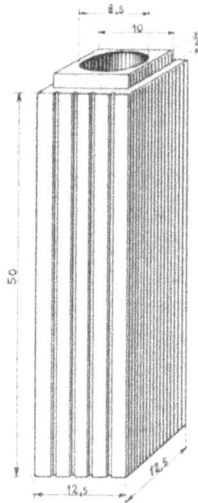

Abb 5. Abgasrohr.

flucht etwas vortretenden Kniestück, welches nicht nur als Eintrittsstutzen für die Abgase, sondern durch eine kleine, nach unten führende Bohrung auch zur Ableitung des in jedem Abzugsrohr von Gasheizöfen sich bilden-den Kondenswassers dient. Zu diesem Zwecke wurden nach Fertigstellung des Rohbaues dünne Bleiröhrchen (5—6 mm Lichtweite) an die erwähnte Bohrung ange-schlossen und teils unmittelbar in die Abwasserleitung,

teils zu Auffanggefäßen von 6—8 l Inhalt geleitet.[1]) Die
Ausmündung der Abgasrohre ist mit derjenigen der Abluftschlote in den etwa 60 cm über Dachfirst bzw. etwa
1,60 cm über dem flachen Dach liegenden Schornstein-
köpfen vereinigt, nach oben durch eine Deckplatte, nach
der Seite durch gemauerte Wangen bzw. engmaschiges
verzinktes Drahtgeflecht geschützt. Deflektoren sind nicht
angebracht worden; sie haben sich auch als durchaus ent-
behrlich erwiesen.

Voraussetzung für diese Anordnung der Abgasrohre
war natürlich, daß v o r d e r A u s a r b e i t u n g d e r W e r k-
p l ä n e v o l l e K l a r h e i t über die Anzahl und die Stand-
orte der zu verwendenden Gasheizöfen, des Gasherdes
und des Heißwasserautomaten bestand. Wäre es nicht zu-
zufällig möglich gewesen, sie alle in oder neben den Ab-
luftschloten unterzubringen, so hätte man sie in ausge-
sparten Mauerschlitzen von 1/2 Stein im Geviert oder
freiliegend an einer Wandfläche oder in einer Ecke hochführen können; die Ausmündungen hätte man dann entweder in den nicht benutzten Raum über dem Kehlgebälk
verlegen oder, da das Haus ein Falzziegeldach erhalten
hat, durch einen Spezialziegel mit Rohrdurchgang hinaus-
führen können. Es hätte auch nichts im Wege gestanden,
ein oder das andere Abzugsrohr an unauffälliger Stelle
wagrecht durch eine Umfassungswand hinauszuleiten, wenn
es nur gegen Schlagregen und Wind in geeigneter Weise
geschützt wurde.

---

[1]) Wie notwendig im Interesse der Trockenhaltung der
Mauern eine solche bisher bei Gasheizungen selten vor-
gesehene Entwässerung der Abgasrohre ist, mag man daraus
ersehen, daß sich in dem Auffanggefäß, worin der Küchenschornstein sich entleert, in der kalten Jahreszeit monatlich
4 bis 6 l Wasser ansammeln.

Ebenfalls vor Baubeginn der Erwägung wert sind die Fragen, wo die Z u l e i t u n g des Gases in das Haus eingebracht, wo die G a s u h r aufgestellt und wie die S t e i g - und A b z w e i g l e i t u n g e n verlegt werden sollen. Im vorliegenden Falle wurde für die Gas- und Wasserzuleitung je ein Mauerschlitz von $1/2$ Stein Breite und vier Schichten Höhe im aufgehenden Mauerwerk der Straßenfront ausgespart; für die 30 flammige Gasuhr wurde im Heizraum ein heller, frostfreier, bequem zugänglicher Platz vorgesehen, unmittelbar am Fuße der Kellertreppe und neben einem unter der Eingangs-Freitreppe angebrachten Fenster (vgl. Abb. 1). Die Steigleitungen liegen verdeckt, aber bequem zugänglich in zwei auch für die übrigen Rohrleitungen (Kaltwasser, Heißwasser, Abwasser, Heizung und Staubabsaugung) benutzten R o h r k ä s t e n R_1 und R_2 (vgl. Abb. 2); die Abzweigleitungen liegen im Keller und im Obergeschoß sowie in der Küche frei an den Wänden bzw. Decken, sonst zum Teil im Beton der Massivdecken, zum Teil unter dem Kalkputz der Wände. Dies erschien durchaus unbedenklich, da schmiedeeiserne Gasröhren in Zementumbettung oder unter Kalkputz erfahrungsgemäß[1]) keinem Verrosten unterliegen und bei ordentlicher Ausführung aller Verbindungen auch dauernd dicht bleiben. Selbstverständlich wurden alle Leitungen vor dem Zuputzen unter hohem Luftdruck geprüft. Im Wohn- und im Eßzimmer, wo Holzdecken unter den Massivdecken angebracht sind, wurden die unter den Füllungen der Holzdecken liegenden wagrechten Leitungen zweimal mit M a n n o c i t i n gestrichen, einem von Edm. Müller & Mann

---

[1]) Beim Abbruch alter Häuser in Dessau werden nicht selten alte schmiedeeiserne Gasleitungen freigelegt, die vor 35 bis 45 Jahren unter Kalkputz verlegt worden waren; sie erweisen sich, abgesehen von einer dünnen hellrotgelben Rotschicht an der Außenseite, stets als völlig intakt.

in Charlottenburg gelieferten Rostschutzmittel, welches
sich hier für solche Zwecke in zehnjähriger Beobach-
tungszeit als nachhaltig wirksam erwiesen hat. Natürlich

Abb. 6. Plättbatterie.

war die Verteilung aller Gasbeleuchtungskörper und sonstigen Gasauslässe, und damit die Gasrohrführung, schon
vor Baubeginn in den durchgearbeiteten Plänen festgelegt, ebenso die Lage aller anderen Rohrleitungen, so

daß nachträgliche Umlegungen und schwierige Umführ-
rungen bei den aufeinanderfolgenden Rohrlegerarbeiten
vermieden wurden. Für etwaige spätere Veränderungen
oder Vermehrungen der Auslässe wurden an verschiedenen
Stellen T-Stücke mit verschlossenem Abgang in die Steigleitung oder die Abzweige eingesetzt, eine Vorsichtsmaß-
regel, die wenig kostet und im gegebenen Fall viel spart.

Mit diesen Ausführungen dürfte im allgemeinen die
Forderung hinreichend begründet sein, daß man bei der
Planbearbeitung zu einem bürgerlichen Wohnhause v o n
A n b e g i n n a n und e i n g e h e n d an die Anordnung
der für den ausgiebigen und richtigen Gebrauch des
Gases nötigen Einrichtungen denken solle. Im folgenden
soll nun beschrieben werden, wie diese Einrichtungen
im einzelnen in dem in Rede stehenden Hause getroffen
sind und zu wie vielerlei Zwecken darin. das Gas benutzt wird.

Im K e l l e r g e s c h o ß ist folgendes beachtenswert:
In der ziemlich kleinen P l ä t t s t u b e ist eine Z w i l l i n g s -
p l ä t t b a t t e r i e (Modell EU von der Zentralwerkstatt in
Dessau) auf gußeisernem Konsol an der Wand befestigt
und mit einer an ein Abgasrohr angeschlossenen Dunst-
haube überdeckt (Abb. 6.) Die Beleuchtung des Raumes
erfolgt nur von einem links neben dem Fenster in 1,5 m
Höhe über Fußboden befestigten drehbaren Wandarm aus,
der einen kleinen G a s g l ü h l i c h t b r e n n e r (Juwelbrenner) mit Konaxzugglas [1]) und seitlichem Autositschirm [2])

---

[1]) Die aus einem becherförmigen Tragglas und einem
zylindrischen Einsatz bestehenden Jenaer Konaxgläser stellen
eine Lösung der Aufgabe dar, die einem Gasglühlichtbrenner
zuströmende Verbrennungsluft durch die strahlende Hitze der
Flamme vorzuwärmen, zwecks Erhöhung der Lichtausbeute.

[2]) Die Autositschirme werden auf eine Ringwulst des Zug-
glases aufgesetzt, bedürfen also keiner tragenden Metallringe

von Schott & Genossen in Jena trägt (Abb. 7). Durch
diese Anordnung wird das Licht hauptsächlich dahin ge-
worfen, wo man es in erster Linie braucht, nämlich auf
das vor dem Fenster stehende Plättbrett. Der kleine
Juwelbrenner, der stündlich nur etwa 60—70 l Gas verbraucht, gnügt dazu reichlich.[1]) In der W a s c h k ü c h e
ist unter dem kupfernen Kochkessel von etwa 120 l Nutz-
inhalt ein großer S t e r n b r e n n e r mit regelbarer Luft-
zufuhr, Fabrikat der Zentralwerkstatt, eingebaut, der bei
vollem Betrieb stündlich 5 cbm Gas verbraucht, für gewöhnlich aber nur mit etwa halber Kraft zu arbeiten hat.
Man wird vielleicht sagen, daß diese Art der Waschkessel-
feuerung kostspieliger sei, als Kohlen- oder Holzbrand;
dies soll auch gar nicht bestritten werden. A l l g e m e i n
ließe sich die Gasfeuerung in den Waschküchen nicht
wirtschaftlich rechtfertigen; im Einfamilienhause aber, wo
der Kochkessel jährlich zumeist nur zwölfmal je einen
Tag lang benutzt wird, werden die Mehrkosten des gas-
förmigen Brennstoffes, denen übrigens eine Ersparnis an
Schornsteinfegergebühren gegenübersteht, durch die größere
Bequemlichkeit und Reinlichkeit reichlich aufgewogen; im
vorliegenden Falle lag der Vorteil außerdem in dem bereits
betonten günstigen Einfluß auf die Grundrißgestaltung und
damit auf die Baukosten. Die vielfach empfohlene Unterbringung der Waschküche im D a c h g e s c h o ß wird erst durch
Gasfeuer unter dem Kochkessel richtig möglich, weil man
dabei weder Kohlen hinauf-, noch Asche und Schlacken
hinabzubringen hat. Die Behandlung des großen Bren-
ners ist so einfach, daß sie jeder Wäscherin unbedenklich

---

mit Stützen. Sie werden von der Firma neuerdings in vielen
Modellen, auch aus farbigem Glase, angefertigt.

[1]) Dieser kleine Brenner wird lange nicht in dem Maße
benutzt, wie er es verdient.

anvertraut werden kann. ⌐Neben dem Kochkessel ist ein mittelgroßer E i n z e l k o c h e r , Bauart „Continental II" von Dessau, der zum Kochen von Stärke dient, derart mittels Schlauch angeschlossen, daß er bei Nichtgebrauch an die Wand gehängt werden kann, um die eiserne Tischplatte zu anderweitiger Benutzung freizugeben. Der Schlauch ist weder Gummi- noch Metallschlauch, sondern der aus Jutegewebe mit spiraliger Draht- einlage, Gelatineumhüllung und Baumwollbespinnung bestehende sog. C a l d w e l l schlauch (amerika- nischen Ursprungs), welcher zwar etwa dreimal so viel kostet als guter Gummischlauch, aber mindestens sechsmal so lange hält, dabei nie- mals brüchig wird, nicht einknickt, kein Gas durchdringen läßt, also nicht riecht, und außerdem an bei- den Enden mit festen Metallver- schraubungen zum Anschluß an die Gasleitung versehen ist und daher nicht abgleiten kann. Solche Schläuche sind im ganzen Hause bei allen Anschlüssen, wo eine ge-

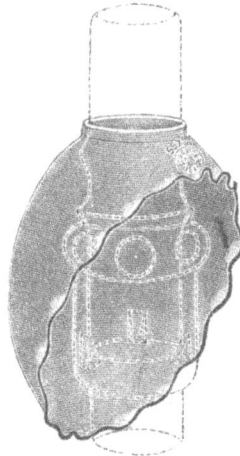

Abb. 7. Konaxzugglas mit seitlichem Autositschirm.

wisse Beweglichkeit der Brenner not- wendig war, angewandt. Die Beleuchtung der Waschküche erfolgt durch einen von der Mitte der Decke herabhängen- den Juwelbrenner mit weißem Flachschirm. Im H e i z - r a u m ist an dem freistehenden gußeisernen Gliederkessel, der zwecks Gaskoksfeuerung einen Wasserrost erhalten hat, ein h e r a u s s c h l a g b a r e r R e i h e n b r e n n e r an- geordnet, der zum Inbrandsetzen der Koksfüllung dient; er wird naturgemäß nicht oft und jedesmal nur einige Minuten lang benutzt, er spart aber die Notwendigkeit,

3*

Anfeuerholz in Vorrat zu halten, und gewährleistet auch
bei dichtem, grobstückigem Koks eine sichere und rasche
Inbrandsetzung.

Im Erdgeschoß ist bei der Anwendung des Gases
und der Anordnung der zugehörigen Einrichtungen nicht
nur vom Nützlichkeitsstandpunkt ausgegangen; es wurde
vielmehr auch Wert gelegt auf dekorative Wirkungen, die
sich, einem veralteten Vorurteil zum Trotz, auch mit Gaslicht erzielen lassen, dank der rührigen kunstgewerblichen
Betätigung verschiedener Firmen und der durch neue
Erfindungen geschaffenen größeren Freiheit in der Ausgestaltung der Gasbeleuchtungskörper. Im Vorplatz
hängt etwa 2,5 m über Fußboden an einem schmiedeeisernen
Ausleger, einer Arbeit des Hofschlossermeisters Köckert
in Dessau, eine bronzepolierte Doppelampel von
Oskar Falbe in Berlin SO. (Abb. 8); sie ist mit zwei Juwelbrennern und elektrischer Fernzündung ausgerüstet. Es
mag hier eingeschaltet werden, daß alle Gasbrenner im
ganzen Hause entweder mit chemischen Selbstzündern (Blakerzündern, Marke „Iris") oder mit elektrischer Fernzündung versehen wurden, je nachdem
die Brennerhähne bequem zugänglich oder schwer er-
reichbar sind. Auch die Gaskocher und Heizöfen werden
mittels beweglicher Selbstzünder in Betrieb gesetzt, so
daß Zündhölzer fast gar nicht gebraucht werden. Die
elektrische Fernzündung ist nach dem in mehrjähriger
Probe bewährten System der Firma „Elektrogasfern-
zünder" G. m. b. H. in Berlin SW. ausgeführt (Sonnen-
zünder); sie verleiht dem Gaslicht die bisher nur dem
elektrischen Licht eigene bequeme An- und Abstellbar-
keit durch Druck auf einen vom Brenner beliebig weit
entfernten Knopf, ist also eine überaus wertvolle Be-
reicherung der Gasbeleuchtungstechnik, die in jedem
besseren Wohnhause angewendet werden sollte, nament-

Abb. 8. Doppelampel im Flur.

lich in hohen Räumen, wo man zwecks günstigster Licht-
verteilung die Brenner hoch über dem Fußboden an-
bringen kann. Die zugehörige galvanische Batterie von
zehn Elementen ist zugleich mit der Klingel- und Haus-
telephonbatterie in einem besonders dafür angeordneten
Wandschrank im Vorplatz untergebracht; die Stromlei-
tungen liegen teils auf teils im Wandputz; die Druck-
knöpfe zum Zünden und Löschen sind größtenteils auf
oder neben den Türbekleidungen angebracht, und zwar
so, daß man in den meist gebrauchten Räumen von
mehreren Stellen aus Licht ein- und ausschalten kann.

Bei der Anordnung der Lichtquellen in den
meist benutzten größeren Zimmern des Erdgeschosses ist
von dem üblichen Schema, einen drei- oder fünfflammigen
Kronleuchter in der Mitte der Decke aufzuhängen, abge-
wichen und statt dessen eine Verteilung der Brenner
in der aus dem Grundriß (Abb. 2, S. 7) ersichtlichen Weise
durchgeführt worden, wodurch nicht nur eine gleichmäßigere
Erhellung der Räume bei Benutzung aller Flammen, sondern
auch eine bessere Wirkung bei beschränktem Betrieb erzielt wurde. Es sieht bekanntlich sehr häßlich aus,
wenn z. B. an einem fünfflammigen Kronleuchter nur zwei
oder drei Flammen brennen; dagegen beleidigt es das Auge
nicht, wenn etwa von vier verteilt angeordneten Einzel-
flammen nur eine oder zwei brennen. Im Eßzimmer
bilden sechs normale Gasglühlichtbrenner (Korbbrenner,
nicht gewöhnliche Dreinaggenbrenner), deren Lichtpunkt
2,35 m über dem Fußboden liegt, ein unregelmäßiges
Sechseck[1]; vier davon sind auf Doppelarmen, von
der Decke herabhängend, zwei auf Wandarmen (von
K. A. Seifert in Dresden, vgl. Abb. 9) angebracht. Die mit

---

[1] Die Unregelmäßigkeit des Brennersechseckes fällt im
Raume selbst nicht auf.

elektrischer Zündung ausgerüsteten Brenner sind mit Seidenmattglas-Tulpen vom Glaswerk Gebr. Putzler in Penzig O.-S., versehen, die nicht nur sehr gut aussehen, sondern auch mit größter Lichtdurchlässigkeit die Annehmlichkeit verbinden, daß sie den leuchtenden Glühkörper nicht scharf umrissen durchscheinen lassen, mithin das Auge nicht blenden. Da zudem der Eßtisch ziemlich genau in der Mitte des Raumes steht, so befindet sich für gewöhnlich keine Lichtquelle unmittelbar über ihm, man hat also beim Essen keinen Lichtschein gerade vor sich, sondern das Licht kommt von zwei Seiten her, wobei

Abb. 9. Wandarm und Kochständer im Eßzimmer.

sich die Schlagschatten gegenseitig aufheben. Unter
dem einen Wandarm ist ein K o c h s t ä n d e r (vgl. Abb. 9)
mittels Caldwellschlauches an die unter dem Druckknopf
der Fernzündung aus der Wand heraustretende Gasleitung
derart angeschlossen, daß er an den Eßtisch heran-
gezogen werden kann: er dient zur Bereitung von Tee-
und Kaffeewasser. Im Wohnzimmer sind vier[1]) einflam-
mige Beleuchtungskörper (drei feste Ampeln, Lichtpunkt
2,65 m über dem Fußboden, und eine Zugampel) derart
an Knotenpunkten der Kassettendecke aufgehängt, daß sie
im Grundriß ein über Eck gestelltes Quadrat von 1,8 m
Seitenlänge bilden (vgl. Abb. 2 und 10). Die Brenner
sind normale Auerbrenner mit elektrischer Zündung und
Seidenmattglastulpen; dank ihrer Verteilung und ihrer
hohen Lage beleuchten sie das große Zimmer so gleich-
mäßig und reichlich, daß trotz der mattrotbraunen Tapete
und der ziemlich dunklen Tönung des Holzwerkes (Eiche,
geräuchert) nirgends ein dunkler Winkel entsteht.

Die Zimmer des Erdgeschosses haben sämtlich außer
den Radiatoren der Sammelheizung G a s ö f e n erhalten.
Die Zusammengehörigkeit der beiden Heizarten, die nicht
selten gleichzeitig in Benutzung stehen, ist im Empfangs-
und im Wohnzimmer rein äußerlich dadurch zum Aus-
druck gebracht, daß die Radiatoren seitlich neben den
über Eck gestellten, mit Kachelumbauten versehenen Re-
flektor-Gasöfen auf einem aus Kacheln gleicher Art und
Farbe gebildeten Sockel stehen und daß die Wand hinter
ihnen eine Bekleidung aus ebensolchen Kacheln trägt, die
oben mit einem ziemlich weit auskragenden Gesimse ab-
schließt, welches den aufsteigenden Strom warmer Luft
ablenkt und dadurch die lästige und häßliche Verfärbung

---

[1]) Bei der Lichtfülle, die das heutige Gasglühlicht gibt,
wäre es unnötiger Luxus, mehr als vier bis sechs Flammen
in einem Zimmer anzubringen.

Abb. 10. Verteilt

m Wohnzimmer.

der Tapete an dieser Stelle hintanhält. Die unverdeckt
dastehenden, verzierten, gußeisernen Radiatoren sind mit
einer zum Kachelton passenden, glänzenden Farbe („Cru-
dol") gestrichen, so daß die „Heizecken" ganz einheitlich
wirken (vgl. Abb. 11 u. 12). Für die Umbauten der Gasöfen[1]) wurden Kacheln gewählt, weil im deutschen Bürger-
hause mit diesem Material von alters her die behaglichste
Art der Zimmerheizung unzertrennlich verknüpft ist; die
Radiatoren wurden frei sichtbar aufgestellt, weil sie in
ihrer heutigen Ausgestaltung sich schon einigermaßen
sehen lassen können und jede „Verkleidung" außer dem
hygienischen Nachteil der Erschwerung des Sauberhaltens
den ästhetischen hat, daß sie den Beschauer über ihren
Zweck im Zweifel läßt (man denke nur an die ganz aus Holz
verfertigten, möbelartigen Heizkörperverkleidungen). Die
Kachelumbauten und -bekleidungen sind von E. Teichert,
G. m. b. H., in Meißen geliefert und vom Töpfermeister
C. Dreßler jun. in Dessau aufgebaut worden. Die Gas-
heizregister sind an die oben beschriebenen Abgasrohre
angeschlossen und mit durchbrochenen Einsätzen aus
blankpoliertem Messing mit dahinterliegenden Streifen aus
Opalescentglas ausgestattet. Ihre zum bequemen Anzünden
herausschwenkbaren Brennerrampen erhielten, da die Gasöfen nur als Ergänzung der Sammelheizung bestimmt sind,

---

[1]) Es sind richtige Gasheizöfen mit steigendem und
fallendem Zuge der Verbrennungsprodukte und schrägliegen-
den, behufs Reinigung zugänglichen Luftzirkulationsröhren,
nicht bloße Gaskamine, die einen sehr schlechten Nutzeffekt
haben und in ein deutsches bürgerliches Haus nicht recht
hineinpassen. Auch auf die Anwendung nachgeahmter Holz-
feuer aus feuerfesten Tonkörpern mit Astbestbüscheln u. dgl.
wurde verzichtet, ihrer Unwahrhaftigkeit wegen. Das charak-
teristische Merkmal des Gasofens ist nun einmal der blanke
Reflektor!

Abb. 11. Heizecke im Wohnzimmer.

weniger und kleinere Brenner, als sonst üblich; der stünd-
liche Gasverbrauch eines Ofens beträgt infolgedessen nur
etwa $1/_2$ cbm. Damit werden die Kachelumbauten nach

etwa halbstündigem Brennen der Flammen so behaglich
warm wie gute, mit Holz gefeuerte Kachelöfen; die nach
dem Fußboden hin strahlende Wärme von den blanken

Abb. 12. Heizecke im Empfangszimmer.

Reflektoren ist aber natürlich sofort nach dem Anzünden
mit voller Kraft wirksam. Im Eßzimmer ist ein solcher
mit Kacheln umkleideter Gasofen mit einer Kachelbeklei-
dung der Schornsteinwand, die wegen angeblicher Feuers-

gefahr nicht mit Holz vertäfelt werden durfte, und einer Wandbrunnennische verbunden (Abb. 13).

In der K ü c h e sind die Wände bis zur halben Höhe mit Meißener Tonfliesen bekleidet, darüber mit glattem Putz (Filzputz) versehen und, ebenso wie die Decke, mit hellgrünem H y p e r o l i n von Michael & Dr. Oehmichen in Oberramstadt bei Darmstadt gestrichen, einer Farbe, die auch an den Außenseiten des Gebäudes verwendet wurde und sich als wasserdichter und wetterfester, aber das „Atmen" des Gebäudes nicht beeinträchtigender Anstrich erwiesen hat. Das oft als unvermeidlichen Nachteil der Gasküchen hingestellte, bei Ölfarbenanstrich in der Tat vorhandene, überaus lästige „S c h w i t z e n" der Wände ist dadurch selbst bei stärkster Inanspruchnahme des Gasherdes und bei niedrigster Außentemperatur vollständig vermieden. Der Gasherd, eine A s k a n i a p l a t t e [1]), Modell III, mit linksseitigem Bratofen und Tellerwärmer, aber ohne Wasserblase, ist auf einem gebogenen, über gußeisernen Konsolen in die Wände eingelassenen und über Eck durch eine Schrägstütze versteiften Winkeleisenrahmen mit Blechbelag aufgestellt (Abb. 14), was besser ist als die übliche Aufstellung auf einem Holztisch. Neben ihm ist noch ein kleiner Einzelkocher mit kurzem Caldwellschlauch an die Gasleitung angeschlossen, der zugleich als Plättenerhitzer verwendet werden kann. Die Beleuchtung der Küche erfolgt durch einen Doppelarm mit zwei normalen Auerbrennern, die mit Selbstzündern versehen sind. Zur Raumheizung dient im Winter, da der Gasherd sehr wenig Abwärme dazu hergibt, ein Radiator. Das Kochgeschirr besteht größtenteils aus Reinnickel, doch hat sich auch das billigere inoxidierte rheinische Gußeisengeschirr auf dem Gasfeuer vortrefflich bewährt.

---

[1]) Fabrikat der Dessauer Zentralwerkstatt.

Abb. 13. Gasheizofen und Wandbrunnen im Eßzimmer.

Abb. 14. Gasherd.

Im Obergeschoß des Hauses liegen außer dem Arbeitszimmer und der Badestube nur Schlafräume. Von diesen wurden zwei neben den Radiatoren der Sammelheizung mit kleinen, nicht umbauten Gasöfen ausgestattet, hauptsächlich wegen der sofort nach dem Anzünden auftretenden strahlenden Wärme, die im Winter beim Ankleiden in den über Nacht nicht geheizten Zimmern überaus angenehm wirkt. Die Radiatoren werden nur bei frostigem Wetter zum abendlichen Anwärmen der Räume in Betrieb genommen. Im Elternschlafzimmer ist außerdem ein Wandkocher in 1,3 m Höhe über dem Fußboden angebracht, der zum Anwärmen von Getränken dient, zugleich aber auch als Brennscherenerhitzer verwendbar ist. Zu beiden Seiten des Spiegels über dem Waschtisch sind zierliche Wandarme von K. A. Seifert in Dresden mit Juwelbrennern und Putzlerschen Seidenmattglas-Tulpen angebracht (Abb. 15). Das Arbeitszimmer erhielt für die Allgemeinbeleuchtung eine kleine dreiflammige Krone, deren Brenner mit Sonnenzündern und mit Fantaxglocken (von Schott & Genossen in Jena) versehen sind (Abb. 16); der Schreib- und Zeichentisch wird von einer der Höhe nach verstellbaren Stehlampe erhellt, die mit einem 1,5 m langen Caldwellschlauch an die feste Gasleitung angeschlossen und mit Selbstzünder versehen ist. Rechts neben dem Tisch ist dann noch ein Wandarm mit Juwelbrenner und farbigem Autositschirm angebracht zur Erhellung des „Lesewinkels".

Daß das Warmwasser zum Baden mittels Gasfeuerung beschafft wird, ist selbstverständlich; aber der dazu benutzte Ofen, eine Askaniatherme Nr. 6 von der Zentralwerkstatt in Dessau, ist nicht, wie üblich, in der Badestube, sondern in dem darüber liegenden Dachgeschoß (Trockenboden) aufgestellt und durch ein davorgeschaltetes eigenartiges Schwimmerventil und ein mit diesem verbun-

Abb. 15. Wandarme am Waschtisch.

denes Gasabsperrorgan zum Heißwasser-Automaten
(Abb. 17) umgestaltet, der mit Hilfe eines dauernd bren-
nenden Zündflämmchens von selbst in Tätigkeit tritt, wenn
und so lange ein Zapfhahn an der von ihm ausgehenden
Heißwasserleitung geöffnet wird, und der nicht nur das

Bad, sondern auch die Kochküche, die Waschküche, die Waschtische in den Schlafzimmern und den Wandbrunnen im Eßzimmer mit heißem Wasser versorgt. Er ist so ausgebildet und eingestellt, daß er das Leitungswasser um

Abb. 16. Dreiflammige Krone mit Fantaxglocken.

etwa 50 bis 55° C erhitzt, einerlei, ob viel oder wenig Wasser entnommen wird. Diese Anordnung des Badeofens als Ausgangspunkt einer Heißwasserleitung ist zwar teurer gewesen als die übliche Aufstellung in der Badestube, aber doch wesentlich billiger zu stehen gekommen, als wenn man außerdem in der Kochküche noch einen besonderen kleinen Wassererhitzer aufgestellt hätte. Neben der großen Annehmlichkeit der stetigen Betriebsbereitschaft und der Heißwasserversorgung fast aller Räume hat sie noch die großen Vorteile, daß j e d e r M i ß g r i f f b e i d e r B e d i e n u n g v o l l k o m m e n a u s - g e s c h l o s s e n und das Verbrennen des Ofeneinbaues auch bei unvermutetem Ausbleiben des Leitungswassers u n m ö g l i c h ist.[1]) Wenn statt der Askaniatherme, deren Einbau aus dünnwandigen Tellerelementen besteht (D. R. P. Nr. 160074), ein für den vollen Wasserleitungsdruck geeigneter Wassererhitzer gewählt worden wäre, so hätte man den Heißwasserautomaten statt im Dach- im Kellergeschoß unterbringen und dadurch je eine Steigleitung für Gas und Kaltwasser sparen können. Solche Erhitzer sind inzwischen von mehreren Firmen an den Markt gebracht worden; sie bieten in Verbindung mit einem selbsttätigen Mechanismus zum An- und Abstellen des Gases zweifellos das beste und billigste Mittel zur Heißwasserversorgung für das bürgerliche Wohnhaus, wie auch für Miethäuser, Gasthöfe, Kliniken, kleinere Badeanstalten usw. Mit einer solchen erst wird die moderne Badestube einwandfrei und wirklich bequem. Im vorliegenden Falle sind am Kopfende der gemauerten und mit Fliesen bekleideten Wanne zwei gewöhnliche Zapfhähne angebracht, einer für Kalt-, der andere für Heißwasser; sie liefern je nach der Temperatur des Leitungswassers die zur Füllung der Wanne erforderliche Wassermenge (250 l) in etwa 10 bis 12 Minuten. Von einer Mischbatterie ist an dieser Stelle Abstand genommen. Dagegen ist ein Misch-

---

[1]) Vgl. hierüber die Broschüre „Die Warmwasserversorgung ganzer Häuser und einzelner Stockwerke durch selbsttätige Erhitzer mit Gasfeuerung", München und Berlin, 1906, R. Oldenbourg.

hahn, Marke „Isaria", von Tob. Forster & Co. in München, der Brause-vorrichtung vorgeschaltet und so einreguliert, daß man je nach Stellung des Handhebels mit Wasser von höchstens 35⁰ C bis herab zur Leitungstemperatur brausen kann. Diese Einrichtung der Badestube (Abb. 18) hat sich bestens bewährt.

Eine so vielseitige und so ausgiebige Benutzung des Gases im ganzen Hause, wie sie im vorstehenden geschildert ist, trägt ungemein viel zur Bequemlichkeit und Behaglichkeit seiner Bewohner und gelegentlichen Gäste bei. Als besonders wertvoll werden empfunden die Gasheizöfen zur Ergänzung der Sammelheizung, nicht nur wegen ihrer stetigen Betriebsbereitschaft und feinen Regulierbarkeit, sondern auch wegen ihres dekorativen Aus-

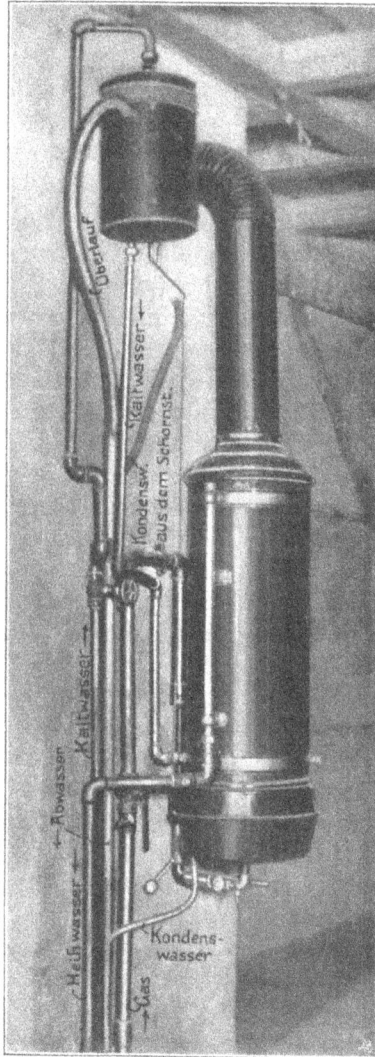

Abb. 17. Heißwasser-Automat.

sehens und der anheimelnden Wirkung der rötliche Lichter lebendig widerspiegelnden Reflektoren; ferner die verteilten, zumeist höher als gewöhnlich angeordneten Lichtquellen mit der ausgezeichnet arbeitenden elektrischen Fernzündung, sowie die Heißwasserversorgung.

Mancher Leser wird vielleicht denken, bei so vielen Gasauslässen müßte in den Räumen eine empfindliche Luftverschlechterung unvermeidlich sein. Eine solche ist aber nie, auch nicht bei der naturgemäß sehr seltenen gleichzeitigen Benutzung aller Leucht- und Heizbrenner in den Erdgeschoßzimmern, beobachtet worden; es hat sich vielmehr, ebenso wie bei den bekannten Münchener Versuchen über indirekte Beleuchtung von Schulsälen[1]), stets gezeigt, daß durch hochhängende Gaslichter die W i r k s a m k e i t d e r L ü f t u n g s a n l a g e, die bei keinem mit Sammelheizung versehenen und überhaupt bei keinem besseren Wohnhause fehlen sollte, w e s e n t l i c h g e f ö r d e r t wird. Die Abgasrohre der Heizöfen haben stets, auch bei stürmischstem Wetter, ihre Schuldigkeit getan; ein Austreten von Abgasen aus den Heizöfen ist daher nie wahrzunehmen gewesen, ebensowenig der bei einigen veralteten, unrichtig konstruierten Gasofensystemen zuweilen auftretende brenzliche Geruch, der nicht vom Gas und seinen Verbrennungsprodukten, sondern von einer Röstung des Zimmerstaubes auf zu heißen Metallflächen herrührt und von vorschnell urteilenden Leuten ebenso zu Unrecht als unvermeidlicher Nachteil der Gasheizung angesehen wird, wie die „trockene Luft" als Mangel der Sammelheizungen. Daß in einem mit Gas beleuchteten Zimmer, wenn es auch nur einigermaßen entlüftet wird, Zimmer-

---

[1]) Vgl. Dr. E. S c h i l l i n g s Bericht über diese überaus interessanten Versuche im Journ. für Gasbeleuchtg. 1905, S. 694; auch als Sonderabdr. bei R. Oldenbourg in München zu haben.

Abb. 18. Blick in die Badestube.

pflanzen keineswegs zugrunde gehen müssen, wie ein weitverbreitetes Vorurteil behauptet, beweisen die auf Abb. 10 zu sehende, prächtig gedeihende Fächerpalme und der üppig wuchernde Efeu an den Erkerfenstern.

Die Explosions- und Vergiftungsgefahr, die an sich schon überaus gering ist, hat durch die Anwendung der Fern- und Selbstzünder und der festverschraubten Caldwellschläuche noch eine Verringerung erfahren. Vielleicht hat der eine oder andere Leser sich darüber gewundert, daß selbst in den Schlafzimmern ganz unbedenklich Gas zur Beleuchtung und Heizung verwendet wird; es war aber durch eine vom Verfasser seit 12 Jahren mit Sorgfalt betriebene Sammlung statistischer Notizen über die Ursachen von Bränden, Explosionen, Rauch- und Leuchtgasvergiftung usw. erwiesen, daß jede Art der Beleuchtung, Kerzen, Petroleum- und elektrisches Licht, dergleichen Unfälle in Wohn- und Schlafzimmern verursachen kann und tatsächlich verursacht hat und daß dem Gas in dieser Beziehung sogar weniger tatsächliche Fälle zur Last fallen, als jeder anderen Lichtart.[1]) Daß der Gasheizofen oder der Wandkocher im Schlafzimmer gefährlicher sein sollte, als in irgend einem anderen Raum, war nicht einzusehen; die Annehmlichkeiten, die sie bieten, wurden ungleich höher veranschlagt, als die vermeintliche Gefahr. Infolge Anwendung gut gebauter, gewöhnlicher Kükenhähne mit langen Hebelgriffen und beiderseits begrenztem Ausschlag anstatt irgendwelcher verwickelter „Sicherheitshähne" mit beweglichen Zündflämmchen ist an den Gasöfen jede Möglichkeit verkehrter Handhabung

---

[1]) Vgl. hierüber die Abhandlung „Die angebliche Gefährlichkeit des Leuchtgases im Lichte statistischer Tatsachen", Journal für Gasbeleuchtung 1906, S. 865; auch als Sonderabdruck bei R. Oldenbourg in München erschienen.

ausgeschlossen worden. Dafür, daß weder unverbranntes Gas noch Verbrennungsprodukte aus den Öfen austreten können, bürgt deren eigene Konstruktion[1]) und die Anordnung der Abgasrohre. Die einzige nach Ansicht und Erfahrung des Verfassers wirkliche (wenn auch unbedeutende) „Gefahr", nämlich die Möglichkeit der Ansammlung von Kohlensäure oder gar Kohlenoxyd in der Badestube, ist durch die Verweisung des Gasbadeofens aus der kleinen Badestube auf den großen, luftigen Trockenboden vollkommen gebannt.

Schließlich wird es interessieren, wie sich denn nun in dem so reichlich mit Gaseinrichtungen ausgestatteten Hause, der Gasverbrauch stellt. Man wird vielleicht geneigt sein, ihn sehr hoch zu veranschlagen. In der Tat aber werden die Leuchtflammen, Heizöfen, Kocher usw. nur dann und nur so lange in Betrieb gesetzt, als man sie wirklich braucht; es brennen ihrer selten viele zugleich, sondern für gewöhnlich sind nur drei bis vier Leuchtflammen gleichzeitig in Benutzung, nämlich eine kleine im Vorplatz, je eine normale im Wohnzimmer und in der Küche und eine im Arbeitszimmer oder, wenn musiziert wird, eine zweite Flamme im Wohnzimmer. Die elektrische Zündung bzw. die Selbstzündung trägt wesentlich dazu bei, den Verbrauch sparsam zu gestalten. Von den Heizöfen sind selten mehr als zwei gleichzeitig im Gang. Am meisten im Gebrauch ist die Heißwasserversorgung, zusammengerechnet durchschnittlich wohl 1 Stunde täglich, wobei etwa 5 cbm Gas verbrannt werden. Der gesamte Gasbedarf in einem vollen Jahre hat rund 3000 cbm betragen; da reichlich zwei Drittel dieser Gesamtmenge Heiz- und Kochgas ist, welches in Dessau, wie allenthalben,

---

[1]) Vgl. „Hygienischen Anforderungen an Gasheizungen" von Fr. Schäfer, Journal für Gasbeleuchtung 1905, S. 793.

billiger berechnet wird als Leuchtgas (13 Pf., gegen 16 Pf. für 1 cbm), so hat der gesamte in Anrechnung gebrachte Geldbetrag 420 M. ausgemacht. Dafür sind die gesamte Koch-, Wasch- und Plättfeuerung, ferner die gesamte Heißwasserbeschaffung, fast die ganze Beleuchtung und ein Teil der Raumheizung des Hauses bewirkt worden. Angesichts dessen dürften die Kosten, die, auf den Tag bezogen, einschließlich Gasuhrmiete, Glühkörper- und Zylinderersatz nur rund 1,20 M. betragen, mäßig erscheinen. Die großen und vielseitigen Annehmlichkeiten, die Arbeitsersparnis, die erhöhte Sauberkeit und vor allem die vermehrte Behaglichkeit des eigenen Heims stellen jedenfalls einen vollen Gegenwert dafür dar!

www.ingramcontent.com/pod-product-compliance
Lightning Source LLC
Chambersburg PA
CBHW031454180326
41458CB00002B/768